はじめに

これは「うんこ」の本です。

え、いやだわ、と、おとなはいうかもしれませんが、子どもは目をかがやかせて、ついツンツンしてしまうくらい、興味がありますよね。自分の体から出て、しかもカタチも色もいろいろあるという、その「フシギ」を見つけたくなるからです。

この世にあるものは、たとえどんなにつまらないものでも、知れば知るほど、わかればわかるほど、おもしろくなるようにできています。なぜって、地球が46億年もかけてつくりだしてきたからです。「うんこ」も、その「けっさく」の1つです。

この本は、しらべたりくらべたりしながら「うんこ」の「なぞ」がどんどんとけていくようにつくられた、「冒険の本」です。みなさんがこれから自分の「好きなこと」を見つけるための、「入り口」になってくれるでしょう。

荒俣 宏

もくじ   8 　**うんこについての5つのギモン**

① うんこはなにでできているの？
② なぜうんこはクサいの？
③ 「うんこ」と「うんち」、どうちがう？
④ うんこで健康（けんこう）をチェックできるの？
⑤ うんこは地球（ちきゅう）にやさしいって本当（ほんとう）？

14 　**《くらべてみよう》大（おお）きさ・色（いろ）・カタチ**

18 　大（おお）きいうんこ　　ゾウのうんこはどっさり・たっぷりこども3人分（にんぶん）！
　　　　　　　　　　　　ミステリー！　食（た）べた量（りょう）の2倍（ばい）のうんこを出（だ）すウシ
　　　　　　　　　　　　どうした！？　自分（じぶん）のうんこを踏（ふ）んで歩（ある）くサイ

20 　びっくりうんこ　　　パンダは1日（にち）40回（かい）うんこをする！
　　　　　　　　　　　　背（せ）が高（たか）〜いキリンのうんこは超小粒（ちょうこつぶ）！
　　　　　　　　　　　　ブラジルバクはライオンより大（おお）きいうんこ！

22 　うんこの色（いろ）　　恐怖（きょうふ）……！　ハイエナのうんこが白（しろ）いワケ
　　　　　　　　　　　　沖縄（おきなわ）の白（しろ）い砂浜（すなはま）は魚（さかな）のうんこだった！
　　　　　　　　　　　　カタツムリは色（いろ）うんこの魔術師（まじゅつし）

24 　うんこのカタチ　　　ウォンバットのうんこはまっ四角（しかく）！　そのワケとは？
　　　　　　　　　　　　バンドウイルカは元気（げんき）なときほど下痢（げり）うんこ！？
　　　　　　　　　　　　ガの幼虫（ようちゅう）がするのはお花（はな）のカタチのかわいいうんこ

26 　ニンゲンのうんこの量（りょう）　　ケニア人（じん）のうんこの量（りょう）は日本人（にほんじん）の2.5倍（ばい）！
　　　　　　　　　　　　戦争中（せんそうちゅう）、日本軍（にほんぐん）はうんこの量（りょう）で命拾（いのちびろ）いしていた！？

30 　**《くらべてみよう》食（た）べてから出（で）るまでの時間（じかん）**

32 　なかなか出（で）ないうんこ　　ナマケモノのうんこは週（しゅう）に1度（ど）、命（いのち）がけの小旅行（しょうりょこう）！
　　　　　　　　　　　　出産前（しゅっさんまえ）のパンダはうんこをしない！？
　　　　　　　　　　　　生（う）まれてからいきなり便秘（べんぴ）！？　1か月間（げっかん）うんこをしないオカピ

34	すぐ出るうんこ	空を飛ぶため、鳥はうんこをがまんできない!? 食べてうんこして土のなかを進むミミズ おなかのなかにためておけないキンギョのうんこ
36	ニンゲンの消化とうんこ	ニンゲンのうんこは9mの旅をする! イモだけで筋肉りゅうりゅう!? パプアニューギニア人のうんこがすごい!

《くらべてみよう》うんこのニオイ

42	クサ〜いうんこ	クサすぎるライオンのうんこで列車事故防止!? うんこが猛烈にクサいコンドルは腐った肉が大好物! ペンギンは、うんこもクサいが体もクサい!
44	いいニオイのうんこ	マッコウクジラのうんこが何百万円ものお香に! 動物たちのうんこのニオイにうっとり♡

《くらべてみよう》姿を変えたうんこたち

50	飲むうんこ	ジャコウネコのうんこが味わい深い高級コーヒー豆に! ゾウのうんこだって負けてない! コーヒー豆とお茶になる
52	美容と健康にいいうんこ	ウグイスのうんこがはだを白く美しくする! カイコのうんこは消毒やくすりになる! 漢方のくすりになったうんこたち
54	くらしに役立つうんこ	紙も電気もつくれる!? ゾウのうんこでリサイクル 壁になったり「ケーキ」になったり……ウシのうんこも大活躍! インカ帝国を支えた! ペルーカツオドリのうんこ パンダのうんこがゴミ問題を解決する!?
58	ニンゲンのうんこを再利用	他人のうんこを移植する医療がある! うんこを宇宙食としてリサイクル!? ニンゲンのうんこもくすりになっていた!

62	《くらべてみよう》トイレとうんこポーズ	
66	遠くへ飛ばすうんこ	ヒゲペンギンはブシューッとうんこを吹き飛ばす！ コアジサシはうんこで敵を攻撃！ カバはしっぽのスクリューでうんこをまき散らす！
68	ヘンなうんこポーズ	コウモリのうんこポーズは逆立ちのさかさま おしりを水に浸けて……マレーバクは水洗トイレが大好き！ ヘビだって、しっぽを持ち上げて「う～ん」
70	残念なトイレ	うんこを全身に塗りたくる!? クロキツネザル エゾナキウサギの積み上がらないうんこピラミッド カンガルーの袋にはうんこがいっぱい！
72	みんなで使うトイレ	ハイラックスはがけっぷちでも平気でうんこ！ オオカワウソはうんこで家族のきずなを深める タヌキのうんこは伝言掲示板!?
74	ニンゲンのトイレ	地域によってこんなにちがう！ニンゲンのトイレ うんこをうんこでふく人がいる!?

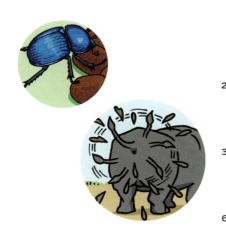

うんこ対決！

28　ラウンド① お金を生み出すうんこ
奈良公園は、フンコロガシで年間100億円の節約！
v.s. 長屋の大家さんはうんこを売って大もうけ！

38　ラウンド② 食べるうんこ
コアラのあかちゃんはお母さんのうんこがごちそう♡
v.s. ウサギは自分のおしりから直接うんこを食べていた！

60　ラウンド③ 身を包むうんこ
うんこをまとって身を守る！ムシクソハムシとその仲間
v.s. 他人のうんこが自分の家!? フンコロガシのこどもたち

6	世界うんこマップ
76	［ふろく］正しいうんこのつくり方

深海沖（世界中）

クサいはずのうんこが
超高価なお香に……!?

アメリカ合衆国

ニンゲンのうんこを
再利用した宇宙食を
NASAで開発中

中南米

週1回のうんこだけは
ナマケない！

パプアニューギニア

たくましい肉体のヒミツが
うんこにあった!?

ペルー

あるうんこが
国の繁栄を支えた

アンデス山脈

腐った肉を食べる
鳥のうんこが
とにかくクサい！

世界うんこマップ

この本の中身を
少しだけ紹介するよ！

うんこについての5つのギモン

この本には、ニンゲンから動物、虫まで、また地面の下から宇宙まで、びっくりするようなうんこのはなしがどんどん出てくるよ。そこでまずは、うんこについてのそぼくなギモンを、うんこさんに解決してもらおう！

ギモン①
うんこはなにでできているの？
まずはキホン中のキホン！
うんこの成分について、
まじめに考えてみよう。

ギモン②
なぜうんこはクサいの？
食べるごはんはいいニオイなのに、
出てくるうんこはどうして
こんなにクサいんだろう？

ギモン③
「うんこ」と「うんち」、どうちがう？
同じうんこなのに、
いくつもよび方があるのは
どうしてだろう？

ギモン④
うんこで健康をチェックできるの？
ただ流してしまうのは
もったいない？ うんこにはいろんな
情報がつまっているみたい。

ギモン⑤
うんこは地球にやさしいって本当？
クサくてきたないはずのうんこ。
でも本当は、地球にとって
かけがえのない存在なのかも？

ギモン ①
うんこはなにでできているの？

ニンゲンの場合、健康なら1日1回、バナナ2本分くらいのうんこを出す。
持ってみると、重さもだいたいバナナくらいだよ。さてその成分は？

【食べ物のカス】
「うんこは、食べ物の残りカスでできてる」って思うよね。たしかにそれも入っているけど、全体のたった6〜7%くらいなんだ。

【水】
じつは全体の70〜80%くらいが水！　それより少ないと便秘、それより多いと下痢のうんこになるよ。

【細胞のかけら】
胃腸の壁からはがれた細胞も、6〜7%くらい。

【腸内細菌】
腸内細菌やその死がいが、やっぱり6〜7%くらい入っているよ。

体のなかにはだいたい100兆こもの細菌がいて、健康のために働いてくれているんだ。

水がほとんど！
食べカスや体の細胞、腸内細菌も入っているよ。

0g
500g
400g
100g
300g
200g
250g

1回の量が200〜300gくらい。

ギモン ②
なぜうんこはクサいの？

「うわっ、今日のうんこは特別クサい！」ってこと、あるよね。そのうんこのもとになった食べたものはなんだった？ ニオイのヒントがかくれているよ。

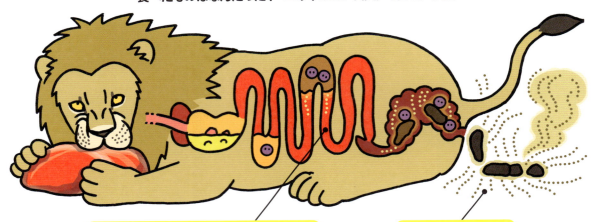

うんこのニオイのもとはズバリ、肉に含まれるタンパク質。肉を食べると、おなかのなかの細菌がタンパク質を分解してくれるんだけど、そのときに「インドール」や「スカトール」というクサいガスが出るんだ。

クサいガスがうんこにたっぷり練りこまれて、クサいうんこができあがるよ。

肉を消化するときに出るクサいガスが原因だよ。

うんこがクサい動物ランキング

1位 肉食動物
2位 雑食動物
3位 草食動物

植物には、タンパク質があまり含まれていない。だから、草しか食べない草食動物のうんこはあまりクサくないんだ。

ギモン ③
「うんこ」と「うんち」、どうちがう?

うんこには、どうしていろんな名前があるんだろう。
正確なことはわかっていないけど、たとえばこんなはなしが伝わっているよ。

うんこ

【うんこ】
中国から伝わった「吽」ということば。その後、室町時代の人が、そのころはやっていた愛称「〜子」をつけて、「吽子」ということばができたんだとか。

【うんち】
「阿吽」という古いことばがある。ものごとの始まりが「阿」、終わりが「吽」で、始めから終わりまで、という意味。中国では、うんこをものごとの終わりになぞらえて「吽」とよび、それを置くところを「吽置」とよんだ。これが奈良時代に日本に伝わって、うんこそのもののよび名として貴族の間で定着したらしい。

うんち

時代によって、よび方が変わったよ。

ババ

くそ

【ババ・くそ】
やわらかいうんこが出るとき、"ババッ"という音がするよね。それで大昔の人たちは、うんこを「ババ」とよんでいたんだとか。「くそ」も古いことばで、古事記でも使われているんだって。

11

ギモン ④
うんこで健康をチェックできるの？

うんこを出したら水に流して、はいさようなら？ それじゃあもったいない！
うんこには、体の調子を知る手がかりがつまっているよ。

【ニンゲン】
バナナのようなカタチのうんこがスルッと出れば問題なし。水っぽくて色がうすければ下痢、かたくてなかなか出なければ便秘のサインだよ。

【チンパンジー】
ニンゲン以外の動物も、うんこで健康チェックができる。たとえばチンパンジーは、病気になったり強いストレスを感じたりすると下痢をするんだ。

【キンギョ】
魚だっておなかをこわすよ。たとえばキンギョはふだん黒っぽいうんこをしているけど、白くなったら食べすぎや病気のサイン。

まずは、ふだんからうんこと向きあうことが大切。ニンゲンだってチンパンジーだってキンギョだって、いつもとちがううんこが出たら、それは体からのSOSサインだよ。

できるよ。うんこは健康のバロメーター！

ギモン⑤
うんこは地球にやさしいって本当?

生まれた瞬間にきらわれてしまううんこ。でも、植物だって動物だって
すべての生き物は、うんこなしでは生きられないんだ。

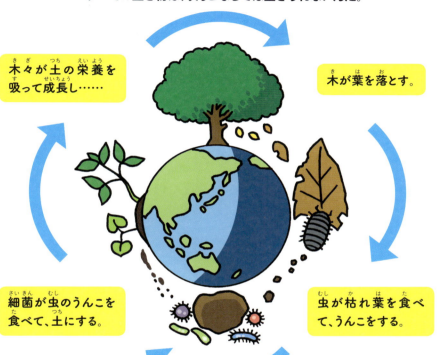

- 木々が土の栄養を吸って成長し……
- 木が葉を落とす。
- 虫が枯れ葉を食べて、うんこをする。
- 細菌が虫のうんこを食べて、土にする。

鳥は、木の種の運び屋さん。実といっしょに種を食べて、別の場所でうんことして種を出す。だから木々は、新しい土地へ広がっていけるんだ。

本当だよ。うんこは地球になくてはならない!

ウシやウマのうんこは、野菜を育てる肥料になるよ。

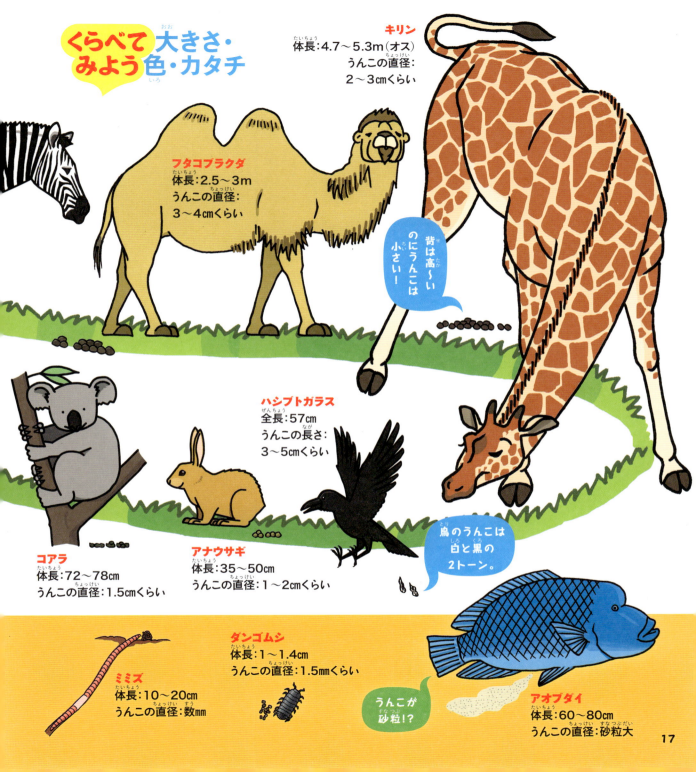

大きいうんこ
ゾウのうんこはどっさり・たっぷりこども3人分！

「あー出た。よく出た。」

陸でくらす動物のなかで、もっとも大きな体をもつアフリカゾウ。うんこの量だって陸の上ではナンバー1で、なんと1日100kgも出すんだ。その重さは小学4年生の平均体重で3人分！ きみたちが毎日、ゾウの肛門から3人ずつ出てくると想像すると、すごいよね。

それにしても、ゾウは100kgものうんこを、いったいどうやって出しているんだろう。

ゾウのうんこ1こは、りっぱなマスクメロンくらいの大きさと重さ。これを1回に7～8こ、1日に5～8回も出すんだ。

ちなみに、おしっこの量もハンパではない。1日になんと40～50Lも出す。大量に出すからには、食べたり飲んだりする量もすごい。1日に14時間かけて草や木の葉などを130kgも食べ、水を大きいペットボトル50～100本分も飲むんだ。大きな体を保つためには、たくさん食べなくちゃいけないんだね。

ミステリー！食べた量の2倍のうんこを出すウシ

ウシのうんこも量がすごい。1日に食べる量は25kgくらいなのに、うんこの量はなんと45kg！食べた量の約2倍も出すなんて、いったいどうなっているんだろう。

このなぞをとくカギは、細菌にある。ウシの胃のなかには細菌が大量にすんでいて、毎日どんどん増えて、どんどん死んでいく。その死んだ細菌が、うんこに混じって出てくるんだ。うんこを増やしてしまうほどの量の細菌って、いったいどれだけ死んでいるんだろう！

しかも、ウシは食事のときにたっぷり水を飲む。これがうんこに含まれるから、ますますうんこの量が増えちゃうんだって。

あれ、なんでこんなに出るんだろう。

ウシ自身も、自分のうんこの量にびっくりしているかもしれないよ。

ぼくの足はいつも自分のうんこまみれ♪

どうした!?自分のうんこを踏んで歩くサイ

道ばたでうんこを踏んでしまったら、最悪な気分！　ところが1日40kgものうんこをしたあと、自分の後ろ足でかきまわすように踏みつける動物がいるんだ。それは、サイ。しかも、うんこにおしっこをかけるわ、うんこをベッタリつけた足でズンズン歩きまわるわ、どうかしてしまったとしか思えない。

でも、じつはこれにはちゃんとした理由がある。サイは、うんこのついた足で一生懸命歩きまわって、必死に自分のなわばりをアピールしているんだ。

クサ～いうんこのニオイが広がるのは、サイにとっては最高の気分なのかも!?

19

びっくりうんこ

パンダは1日40回うんこをする！

ああ、忙しい！

　ジャイアントパンダは毎日、起きている時間のほとんどを、食べては出しをくり返してすごしている。1日に10kg以上のササを10数時間かけて食べ、そして合計15〜20kgものうんこを出すんだ。おどろきなのはその回数。多いときには、なんと40回もうんこをしているんだ！

　パンダはササが大好きというイメージがあるけど、それはちがう。じつは、しかたなく食べているんだ。

　というのも、パンダは雑食性で、本当は肉やくだものを食べるのに向いている。でも、そんな食べ物がある場所には強い敵もやってくる。その結果パンダは、ほかの動物が食べたがらないササしかないような場所にすみ、ササしか食べなくなった、というわけ。

　でも、残念なことにササには栄養が少ない。しかもパンダは雑食動物だから、繊維だらけのササを消化するには、腸が短すぎる。だから毎日、とにかくたくさんササを食べ、うんこを何度も出さなければならないくらしになったんだ。

背が高～いキリンの うんこは超小粒！

陸の生き物のなかでもっとも背の高いキリン。そんなキリンなら、さぞ、うんこも大きいんじゃ……と思いきや、とても小さい！ 栗みたいなコロコロしたうんこで、1粒の直径が2～3cmくらい。足から頭までの高さは4～5mだから、期待はずれの小ささだ。

キリンは首が長いから水を飲むのが苦手。だから、食べ物に含まれている栄養はもちろん、水分もギュッとしぼり取って、すっかり体に吸収してしまうんだ。

そのせいで、キリンのうんこは、栄養も水もほとんど残っていない。小さくコロコロとしたうんこになるんだよ。

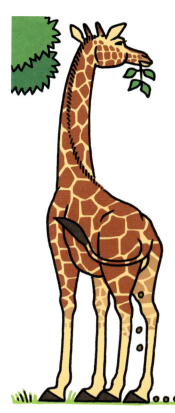

栄養も水分もしっかりとったうんこを出してスッキリン！

ブラジルバクはライオンより大きいうんこ！

背はやたら高いのに、うんこはやたら小さいキリン。逆に、体のわりにうんこがやたら大きいのが、ブラジルバクだ。

食べるのは葉やくだものなどの植物。なのに、それを消化して出すうんこは、長くて極太。2mくらいの体からひり出されるうんこは、閉じた傘ほどもあるんだ！

バクより体の大きなライオンのうんこでさえ長さ15cm。これとくらべても、どれほど大きいかってことがわかるよね。あのゾウのうんこだって、直径20cmだからね。

ま、負けた……。

うんこの色

恐怖……！ ハイエナのうんこが白いワケ

　うんこの色といえば、だれだって茶色を思い浮かべるよね。もちろん、体調や食べたものによって、黄色っぽくなったり、黒っぽくなったりすることはある。とはいえ、ニンゲンだってイヌやネコだって、ホ乳類ならうんこは茶色が定番。

　だけど、同じホ乳類でも、ハイエナはまっ白のうんこをする。これには、ゾッとしちゃうような恐ろしいワケがあるんだ。

　ハイエナの食べ物は、ライオンなど強い動物の食べ残し。ライオンたちがすっかり肉を食べたあとに残った骨を、文字どおり、骨のずいまで食べつくすんだ。ハイエナのあごは強力で、しかも骨さい歯という丈夫な歯をもっている。この歯でバリバリかみくだく。骨の中心にある骨ずいには栄養がたっぷりつまっていて、これがハイエナのごちそうなんだ。

　……そう、ハイエナの白いうんこの正体は、

沖縄の白い砂浜は魚のうんこだった！

日本の南国・沖縄の海の白い砂浜。とても美しくて、ロマンチック。でも、この白い砂の一部はアオブダイという魚のうんこなんだ。

沖縄の海には、アオブダイがたくさんすんでいる。アオブダイは強いあごでサンゴについている海藻を食べるんだけど、このとき、海藻をサンゴごと食いちぎる。その量は、なんと1日5kg！　サンゴの破片はアオブダイのうんことして出される。それがやがて浜辺に流れ着き、砂浜の一部になるというわけ。

この事実を知っても、まだロマンチックといえるかな？

砂浜がぼくのうんこだって知ってるかな？

人生いろいろ、うんこの色もいろいろ！

食べられた動物たちの骨の色だったんだ。肉を食べたときには、白いうんことは別に茶色いうんこもするよ。

食べ残しばかり食べるハイエナは、ズルい動物だと思われがち。でも本当は、とても狩りが上手。ただ、えものをしとめても、ライオンなどに横取りされてしまうから、しかたなく食べ残しを食べているというわけ。

カタツムリは色うんこの魔術師

カタツムリのうんこはとってもカラフル！　いろいろな野菜を食べるんだけど、ニンジンを食べればオレンジ色の、ホウレンソウを食べれば緑色の、ダイコンを食べれば白いうんこが出るんだ。

これは、食べ物の色のもとになる色素を消化できないから。食べたものによってうんこの色がバラバラだなんて、なんだか楽しそう！　うんこは、食べてから10時間後くらいに出てくるから、チェックしてみよう。

今日はオレンジ色♪

ウォンバットのうんこはまっ四角！そのワケとは？

　うんこは生き物によってカタチもいろいろだよ。ニンゲンやイヌならバナナのような細長いカタチだし、ウサギやゾウならまるいカタチ。なかにはちょっとフシギなカタチのうんこをする生き物もいるんだ。

　その代表が、オーストラリアにすむコアラの仲間、ウォンバット。うんこのカタチは、なんと、サイコロのようにまっ四角！　このカタチにはちゃんと理由があるんだ。

　ウォンバットは、昼のあいだは穴を掘ってつくった巣で休み、夜になると植物を食べるために巣から出てくる。このとき、倒れた木や岩の上のような、仲間にわかりやすい場所にうんこをして、ニオイで自分のなわばりを知らせるんだ。でもうんこがまるいと、コロコロ転がっていってしまうかもしれない。四角いうんこのほうが、転がりにくくて都合がいいというわけなんだ。

　ちなみに、うんこが四角くなるのは、食べたものを2週間以上かけて消化し、栄養や水分をぜんぶ吸収してから出すから。ギュッと小さく圧縮されることで、四角くなるんだ。おしりの穴が四角いからじゃないよ。

こんなうんこでも体調は絶好調！

バンドウイルカは元気なときほど下痢うんこ！？

ニンゲンは、元気なときは固形のうんこで、体調をくずすと水っぽい下痢のうんこになる。ところが、生き物のなかには、元気なときほど水っぽいうんこをするものがいるんだ。

バンドウイルカなど水のなかでくらすホ乳類は、ふだん水っぽいうんこをする。すぐにまわりの水に溶けてしまうから、まるで煙のよう！ これって下痢のうんこみたいだけど、じつは、このうんここそが元気な証拠。逆にかたいうんこをするときは、体調が悪いときなんだって。

ガの幼虫がするのはお花のカタチのかわいいうんこ

ガの幼虫っていうと、どんな姿を思い浮かべる？ ちょっとうす気味悪いよね。ところが、じつはとってもかわいいうんこをするものがいるよ。

ヤママユガというガの幼虫が出すうんこは、上から見ると、まるでパッと開いた花のようなカタチをしているんだ。

うんこはぼくの自慢！

ぼくも、生まれ変わったらお花のカタチのうんこになりたい！

それから、虫なのにウォンバットのような四角いうんこをするものが、きみの身近にもいるよ。それはダンゴムシ。1〜1.5mmととても小さいうんこだけど、1つ1つが直方体や立方体のカタチをしているんだ。こんどダンゴムシを見つけたら、そのまわりにあるうんこをじっくり観察してみよう。

ニンゲンのうんこの量

ケニア人のうんこの量は日本人の2.5倍！

日本やアメリカ、イギリス、中国……世界には196もの国があり、それぞれに歴史や文化がちがう。そしてなんと、うんこの量だって、国によってぜんぜんちがうんだ！

日本人はどれくらいうんこを出すかというと、1日におよそ200ｇ。牛乳瓶1本の量だ。これに対して、世界の人々はどうだろう。

1972年にイギリスの医師デニス・バーキット博士は、アジアやアフリカで、人々のうんこの量をしらべた。その結果、インド人は311ｇ、イラン人は349ｇ、マレーシア人は477ｇ、そしてケニア人は520ｇのうんこを出すことがわかったんだ。日本人とケニア人をくらべると、その差はなんと2.5倍！

同じニンゲン同士なのに、この差はなんだろう？　その答えはズバリ、食べ物に含まれる食物繊維の量のちがいなんだ。食物繊維はあまり消化されず、うんことして出てくる。だから、穀類や野菜を中心に食べるケニア人のうんこの量は多く、それほど食べない日本人のうんこの量は少ないんだ。歴史、文化、そしてうんこ。やっぱり世界は広いよね。

戦争中、日本軍はうんこの量で命拾いしていた!?

世界の国々を巻きこんで、はげしい戦いがくり広げられた太平洋戦争。そんななか、うんこのおかげで命拾いした、運のいい日本軍がいたんだ。国の重要機密というわけではないだろうけれど、この事実を、どれだけの人が知っているだろう。

それは、日本軍がいた南の島に、アメリカ軍が上陸したときのこと。アメリカ軍は敵兵の人数を知るため、日本軍が寝泊まりしていた場所を訪れた。そこに残されたうんこの量から、だいたいの人数をわり出そうとしたんだ。その結果、アメリカ軍は大あわて！

日本軍のうんこは、彼らの想像を絶する量だったので、「すごい人数の日本軍がいるぞ！」とおどろいて撤退してしまったんだ。

しかし、これはまちがった判断だった。というのも、当時の日本人のうんこは1日に400g。一方、アメリカ人のうんこは1日100gほど。アメリカ軍は自分たちのうんこの量で計算したから、日本軍が実際の4倍もいるとかんちがいしてしまったんだ。

当時、日本人の食事は野菜中心で、食物繊維を多くとっていた。それで、今よりもうんこの量が多かった。日本軍は、自分たちのうんこに命を助けられたんだ。

日本軍はまさに「うん」がよかったんだね！

うんこ対決！ラウンド 1

Red Corner
あかコーナー

奈良公園は、フンコロガシで年間100億円の節約！

　うんこをコロコロ転がす姿でおなじみのフンコロガシ。彼らはなにも、趣味でうんこを転がしつづけているわけじゃない。じつは動物のうんこをエサとして食べている。この行動をうまく使って、100億円もの節約をしている場所があるんだ。

　それは、東大寺の大仏などで有名な奈良公園。奈良公園には、だいたい1200頭もの野生のシカがくらしている。うんこの量は、なんと年間300t以上！　これを、フンコロガシがすっかり食べてくれるんだ。

　フンコロガシがシカのうんこを食べる。そしてフンコロガシのうんこはしばふが育つための栄養になる。そのしばふは、またシカのエサになり……。

　フンコロガシは、大量のうんこをグルグルとめぐらせる重要な役割をはたしている。もしも公園のしばふを手入れするために人をやとうとしたら、年間100億円ものお金がかかるらしい。ものすごい節約ができているんだね。

お金を生み出すうんこ

Blue Corner
あおコーナー

長屋の大家さんはうんこを売って大もうけ！

どんなものにも値段はつけられる。そう、じつはうんこにだって値段がつけられていたんだ。

まだ化学肥料がなかった江戸時代、農家の人にとってうんこは、農作物を育てるのに欠かせない肥料だった。そして、農家にうんこを売ることで大もうけをしていたのが、長屋の大家さん。長屋というのは、今でいう平屋のアパート。トイレは共同だったから、うんこはおもしろいほどよくたまる。大家さんは、それを売って、お金に変えていたんだ。

うんこのもうけは、今のお金でだいたい400〜500万円になることも。なんと、大家としての収入の2倍にもなったんだって！

ちなみに、うんこの値段には5つのランクがあった。ぜいたくな食事をしている大名のうんこはいい肥料になるから高く売れたし、貧しい人のうんこは安かった。身分の差がうんこにまで広がっていたんだ。

くらべてみよう 食べてから出るまでの時間

口から入った食べ物は、どれくらいの時間でうんこになるのかな？　できたてのうんこが出ている瞬間も、新しい食べ物はおなかのなかでうんこ化しているよ。

なかなか出ないうんこ

ナマケモノのうんこは週に1度、命がけの小旅行！

ナマケモノは、食べるときも寝るときも、木の枝にぶら下がったまま。睡眠時間はなんと1日20時間！　その名のとおり、まさに"なまけもの"。このナマケモノが週1回だけ、なまけずに木からおりてくることがある。それが、うんこをするときなんだ。

ナマケモノは、うんこをするときにはとても行動的！　わざわざ地上におりて、しっぽで木の根もとに穴を掘ってからする。終わったら、行儀よく、うんこの上に枯れ葉をかけて片づけもするんだ。

木の上とちがって恐ろしい敵に見つかる危険だってあるのに、わざわざこんな手間ひまをかけるのは、なぜだろう。それは、ナマケモノの祖先はもともと地上でくらしていて、その習性がそのまま残っているからなんだ。

ちなみに、ナマケモノは同じ木の上で一生をすごす。うんこはその木の栄養にもなっているよ。

木とナマケモノは、もちつもたれつというわけだね。

出産前のパンダは うんこをしない!?

うんこをしないという、ちょっと変わった出産準備をする動物がいる。それはジャイアントパンダ。

パンダのメスは、あかちゃんを生む数日前から、食べることをやめる。これは、あかちゃんを生んでから子育てを始めるまで、うんこをしないようにするため。

パンダのあかちゃんは、ほぼ未熟児のまま生まれてくる。そのため、菌などに負けやすく、病気になりやすい。だから、お母さんパンダは、あかちゃんが病気にならない環境をつくるために、うんこをしないんだ。生んでからも、3日間はうんこもしないで、あかちゃんに母乳をのませるよ。

うんこを がまんするのも 母の愛♡

生まれてから いきなり便秘!? 1か月間うんこを しないオカピ

キリンの仲間で、世界3大珍獣のオカピ。そのあかちゃんは、なんと生まれてから1か月も、うんこをしない。

オカピの母乳は栄養たっぷり。しかも、とても消化しやすい。そのため、ほとんどが体のなかで吸収され、うんこがたまらないというわけ。もちろん、成長すれば草を食べるようになるので、うんこをするようになるよ。

うんこなんて しなくても へっちゃら!

すぐ出るうんこ

空を飛ぶため、鳥はうんこをがまんできない!?

あれ、また出てる?

　道を歩いているときに、鳥のうんこが落ちてきた！　そんなときは、ちょっとイラッとしてしまうよね。でもどうか許してあげてほしい。なにしろ鳥は、うんこをがまんできない体なんだから。
　鳥は空を飛ぶ生き物。でもそのために絶対に必要なのは、少しでも体を軽くしておくこと。そんな鳥にとっては、うんこやおしっこの重さだってバカにはならない。だから、空を飛ぶためには、とにかくすぐに、うんこやおしっこを出さなくちゃいけない。それで、うんこやおしっこをためておく機能をなくしてしまったんだ。
　ちなみに、鳥はうんこもおしっこも区別をしないで、いっしょくたに出す。穴も１つしかなくて、卵だって同じ穴から生む。この穴を「総排出腔」というよ。鳥のうんこをよく見ると白と黒の２色でできているけれど、あれは黒いところがうんこで、白いところがおしっこなんだ。

食べてうんこして土のなかを進むミミズ

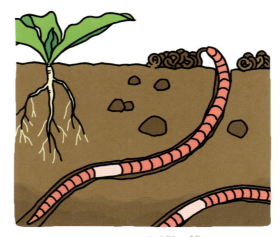

ミミズは、口から土を食べ、おしりからうんこを出す。それをくり返しながら、土のなかを掘り進む。食べてから、うんこを出すまでは、たったの3時間半くらい。あっという間にうんこになるよ。

そんなペースだから、1日に出すうんこの量は自分の体重と同じくらい。体の大きさに対するうんこの量は、あのゾウより多いんだ！

ミミズのうんこには、植物が育つのに必要な栄養がたっぷり。ミミズがたくさんいる畑がよい畑だといわれるのは、このためだよ。

おなかのなかにためておけないキンギョのうんこ

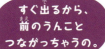

すぐ出るから、前のうんことつながっちゃうの。

うんこをがまんできないなんて、空を飛ぶのもラクじゃないね。

キンギョだって、食べてからうんこを出すまでの時間の短さでは負けていない。その理由は、キンギョには胃がないから。食べたものをおなかにためておくことができないんだ。飲みこんだらすぐに消化して、4〜5時間後には、うんことして出してしまう。

ちなみに、キンギョのうんこが細長くぶら下がっているのは、うすい膜でおおわれていて、切れにくいからなんだって。

35

ニンゲンの消化とうんこ
ニンゲンのうんこは9mの旅をする！

食べたものはうんこになる。でも、いったいどんな道のりで、あの茶色くてクサいうんこになってしまうんだろう。
　うんこの旅は、食べ物が歯で小さくくだかれることから始まる。小さくなった食べ物は胃でドロドロに溶かされると、栄養が体に吸収されながら、小腸へ送られる。茶色い色がついて、食べ物がうんこらしい姿になるのは、

❶ 食べ物がこまかくかみくだかれる。
❷ 胃でいったんドロドロになる。
❸ 胆汁が混じってうんこの色に！
❹ 細菌の死がいが合流。
❺ 大腸で水分が吸収されてうんこのかたさを調整。

長い旅を乗りこえて、ぼくは生まれてくるんだ。

36

イモだけで筋肉りゅうりゅう!?
パプアニューギニア人のうんこがすごい!

パプアニューギニアの高地には、すごいうんこをする人たちがいる。

彼らがすむ地域は標高2500m、作物は育ちにくくて種類も少ない。食べるものといえばサツマイモくらいしかないのに、その体は筋肉りゅうりゅうで、余裕たっぷりに山道を歩いている。肉や魚、豆などでタンパク質をとらないと、筋肉がつきにくいはずなのに、なぜ?

そのヒントが、彼らのうんこから発見された特別な細菌だった。

ふつうおならやおしっこになって出てしまうガスやアンモニアを、

この細菌は、タンパク質のもととなるアミノ酸につくり変えることができる。だから彼らは、イモしか食べていないのに、筋肉りゅうりゅうの体になれたんだ。

おなかのなかの細菌しだいで、こんな強くたくましい体を手に入れることができちゃうんだね。

ぼくもムキムキになりたい。

このときだ。脂肪の消化を助ける胆汁という液体がうんこ色をしていて、これが混じるからなんだ。

腸には100兆こともいわれる数の細菌がすんでいて、食べ物の消化・吸収を助けている。その死がいもうんこに加わる。

最後に大腸で水分が吸収されて、ドロドロしていたものがバナナくらいのかたさに。こ

れが肛門からしぼり出されて、旅は終わる。

食べ物が口から入ってうんことして出てくるまでの道のりは、なんと8〜9m! 体のまわりをグルグルと2〜3周する長さだよ。とくに小腸は、それだけでなんと6〜7mもあるんだ。うんこになるまでの旅にかかる時間は、1〜3日くらい。野菜など植物は、肉よりも早くうんこになるんだ。

うんこ対決！ラウンド 2

Red Corner
あかコーナー

コアラのあかちゃんは
お母さんのうんこがごちそう♡

生まれてからずっと、お母さんのおなかの袋で母乳を飲んでいたコアラのあかちゃん。半年がすぎて、やっと袋のそとへ顔を出したかと思うと、お母さんのおしりに鼻先をすりよせる。そしてなんと、お母さんのうんこをなめるんだ！

じつは、お母さんコアラは、ふつうのうんこと、「パップ」とよばれる特別なうんこの2種類を出す。このパップこそが、あかちゃんのごちそうなんだ。

コアラが食べるユーカリには毒がある。だけど、おなかのなかの微生物で毒を分解して、栄養に変えることができる。でもあかちゃんは、この微生物をまだもっていない。だから、お母さんがおなかのなかで微生物を混ぜてくれたパップを食べるんだ。パップを食べているうちに、少しずつ、自分でユーカリを食べられるようになっていくよ。

食べるうんこ

Blue Corner
あおコーナー

もぐもぐ

ウサギは自分のおしりから直接うんこを食べていた！

フワフワのウサギがまるまったポーズは、とてもかわいい。でも、なにをしているところか知っても、同じことがいえるかな？　じつはこれ、自分のうんこを食べているところなんだ。

ウサギのうんこというと、まるくてコロコロとしたイメージ。でももう1種類、ヒミツのうんこがある。カプセルのようになっていて、なかはトロッとやわらかい。「え？　そんなの見たことがない」という人も多いだろう。それもそのはずで、このうんこはかなりのレアもの。ウサギが自分のおしりに直接、口をつけて食べてしまうんだ。

ヒミツのうんこは、おなかのなかで発酵され、栄養をたっぷり含んでいる。もしもこのうんこを食べられなくなったら、ウサギは死んでしまうらしい。ただし、2回目に出すコロコロうんこには、栄養がないから興味なし……。

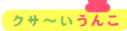

クサすぎるライオンのうんこで列車事故防止!?

力強くてりっぱなたてがみをもつ、"百獣の王"ライオン。そのうんこもまた、王にふさわしく、すごい力をもっている。なんと、ニオイだけで列車事故を防いでしまうんだ！

そもそも、肉食動物のうんこはクサい。それが百獣の王ともなると、うんこのクサさまでもがトップクラス！　とにかくめちゃくちゃクサいんだ。草食動物は、ライオンのうんこのニオイをかいだだけで、危険を感じて逃げ出してしまうほど。

電車と野生のシカがぶつかる事故に悩まされていたJR西日本の紀勢本線は、このニオイを利用しようと考えた。動物園からライオンのうんこをゆずってもらい、水でうすめて線路にまいてみると、効果はてきめん！　シカが近づかなくなり、ねらいどおり事故が減ったんだ。ただ、近隣の人からのニオイへの苦情や、作業する人の負担などを考えて、いまはこの取り組みをひかえているみたい。

うんこが猛烈にクサいコンドルは腐った肉が大好物!

ライオンのうんこもクサいけど、負けていないのが南北アメリカ大陸に7種類いるコンドルたち。

コンドルたちは、好んで腐った肉を食べる。動物の死がいを、はらわたまで食べつくす。新鮮な肉を食べているライオンのうんこだって超クサいんだから、腐った肉を食べているコンドルのうんこといったら、そのニオイはものすごい! それは、腐った肉のニオイをさらにこくしたようなニオイなんだ。

ちなみに、頭がツルッとはげているのは、死がいをあさるときに、できるだけ清潔さを保ちたいからなんだって。うんこがものすごくクサいわりには、意外とデリケートなんだね。

ぼくがいうのもなんだけど、……クサそう〜!

ペンギンは、うんこもクサいが体もクサい!

まるっこい体でヨチヨチ歩く姿がかわいらしいペンギンだけど、遠くからながめるだけにしておくのがオススメ。なぜなら、ペンギンのうんこも超クサい!

うんこがクサいのは、肉を食べている動物ばかりじゃない。イカや魚をまるのみする動物だってクサいんだ。そのニオイは、ライオンやコンドルとは別もの。うんこは腐った干物のような、鼻をつくニオイを放つんだ。

ちなみにペンギンは、うんこだけでなく、体臭もキツイ。水をはじいたり体温を保ったりする効果がある油をおしりから分泌して、全身に塗りたくる。これがペンギンのクサさに輪をかけているんだ。

> 今回の便秘うんこはいくらになるかな？

いいニオイのうんこ マッコウクジラのうんこが何百万円ものお香に！

うんこなのに、その香りのよさから、おどろくほど高価な金額で売買されているものがある。それは、マッコウクジラがたまに出す、便秘うんこ。

イカやタコ、魚などを食べるマッコウクジラのうんこは、ふつうは水に溶けて消えてしまう。でも、イカやタコの「くちばし」とよばれるかたい部分は消化されず、腸に引っかかり、おなかから出ないまま、どんどんたまっていく。こうしてかたまったうんこがたまに出るんだけど、かたいから水に溶けない。それがまれに、海岸に流れ着くんだ。

この便秘うんこが、めちゃくちゃいい香り！昔ある国で、このうんこを拾った人が、あまりにもいい香りなので皇帝へのみつぎものにした、なんていう伝説もあるくらいなんだ。

ただしこの便秘うんこ、出ることも海岸に流れ着くこともめったにない。とても貴重だから、何百万円という高値がつくんだ。

マッコウクジラという名前は、うんこが抹香というお香に似た香りを放つことからつけられた名前なんだって。

動物たちのうんこのニオイにうっとり♡

よい香りを放つうんこは、ほかにもたくさんある。

たとえば、コアラのうんこ。ユーカリの葉しか食べないから、消化されなかった葉の繊維がいっぱいつまったうんこもユーカリの香り。ユーカリは芳香剤としても使われているくらいだから、スーッとさわやかな香りがするよ。

ジャイアントパンダのうんこは、まるで新しい畳のような香り。パンダの腸は、植物をしっかり消化できるほど長くないから、未消化のササがそのままうんこになって出てくるんだ。ちなみに色も、ササのような緑色をしているよ。

← コアラのうんこ　　← パンダのうんこ

アゲハチョウの幼虫のうんこだっていい香り。ミカンの葉だけを食べるから、うんこだってミカンの香りがする。

魚のアユは、きれいな川にすみ、石にくっついた藻をけずりとって食べている。そのうんこは、やっぱり川の香りがするんだ。

「うんこがクサい」なんて、ニンゲンの勝手な思いこみ！

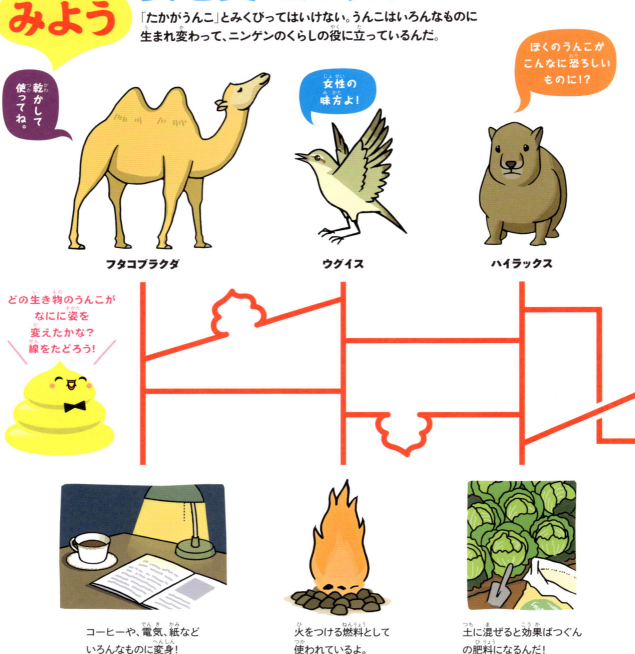

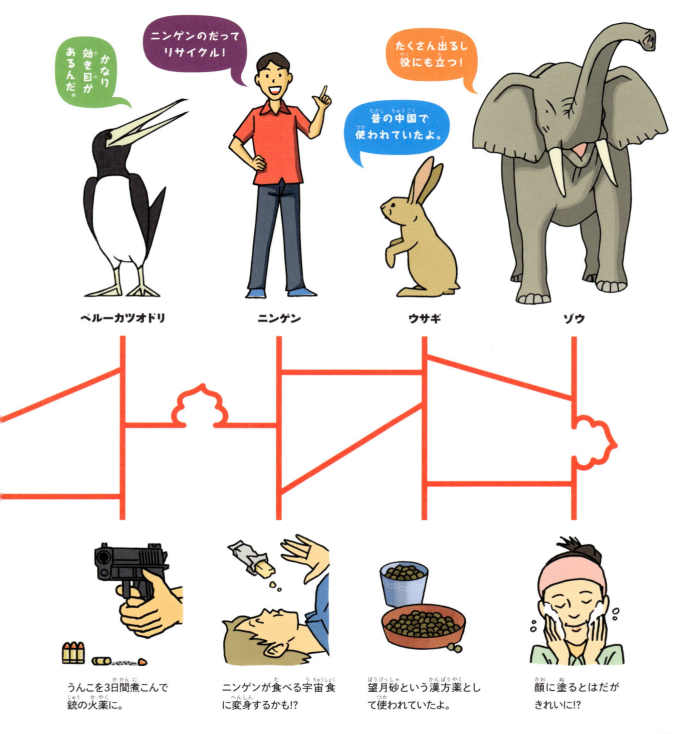

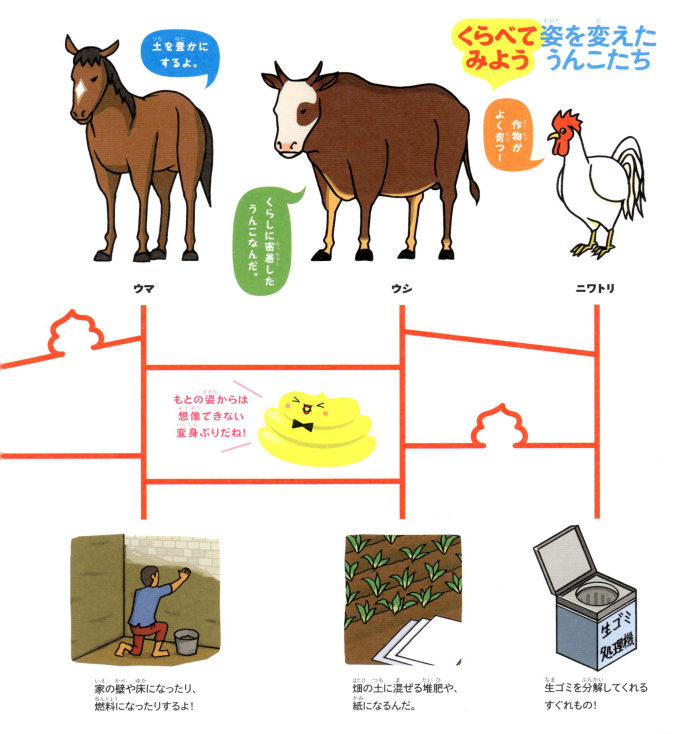

飲むうんこ

ジャコウネコのうんこが味わい深い高級コーヒー豆に！

あっ、あたしのうんこのニオイ！

　コーヒー豆の生産がさかんな国のひとつ、インドネシア。栽培されるコーヒーの90％は、ロブスタ種という品種なんだ。……うんこの本なのに、なぜコーヒーのはなしをしているかって？　本題はここから。

　このロブスタ種というコーヒー豆は、ときどき野生のジャコウネコに食べられる。コーヒー農家としては怒り心頭！……と思いきや、じつは困ったことばかりじゃない。なんと、ジャコウネコのうんこに混じって出てきたコーヒー豆は、超高級コーヒー豆になるんだ。消化されずに出てきたコーヒー豆を、きれいに洗い、乾かし、炒る。これでコーヒーをいれると、あらフシギ。うんこなのに、香り高く、深い味わい！

　ジャコウネコのおなかのなかでは、コーヒー豆のタンパク質がより小さな物質に分解される。そうすることで、コーヒー豆の香りが

ゾウのうんこだって負けてない！
コーヒー豆とお茶になる

高級コーヒーになるうんこは、ジャコウネコのうんこだけじゃない。ゾウのうんこからも絶品のコーヒー豆ができるんだ。その名も「ブラック・アイボリー」。

つくり方はかんたん。ゾウに、コーヒーの実を食べてもらう。ゾウのおなかでいい具合に醗酵してもらい、出てきたうんこを洗って天日干しにする。これで苦味のないおいしいコーヒー豆ができるんだ。そのお値段、カップ１杯5000円以上！ 世界の５つ星ホテルで飲めるところもあるよ。

さらに、お茶だってできる。サバンナで生きるゾウは、いろんな草がつまったうんこをする。これを乾燥させて煮出すと、紅茶のような味わいのお茶になるんだ。栄養もたっぷりで、こちらはアフリカの部族のあいだで飲まれているよ。

いっそう豊かになり、深い味わいになるんだって。「コピ・ルアク」という名前までついているよ。

そんなにおいしいなら、１度は飲んでみたくなるよね。でも、その年にどれくらい生産されるかは、ジャコウネコのうんこしだい。それに、日本で飲むとカップ１杯数千円もする。まさに超高級うんコーヒー！

美容と健康にいいうんこ

ウグイスのうんこがはだを白く美しくする！

うんこパックでございます。

美しい鳴き声で春の訪れをつげる鳥、ウグイス。そんなウグイスのうんこが、じつは、カサついたはだをツルツルにしてくれる、スキンケアの救世主でもあるんだ。その人気は、江戸時代からつづいているよ。

うんこをはだに塗りたくるなんて、昔の人は勇気があるよね。でも、ウグイスのうんこはもともと、着物のシミ抜きなどに使われて、身近なものだったんだ。着物の生地をいためずきれいにできるから、はだにも使えるのでは？　と考えられ、だんだん広まっていったんだって。

ウグイスのうんこには、漂白効果のある酵素がぎゅっとつまっている。ふつう、酵素は体の外には出てこないものだけど、ウグイスの腸は短いから、うんこにまざってそのまま出てきちゃうんだ。

今や、海外の一流エステでも使われる人気ぶり。ウグイスにも教えてあげたいね。

カイコのうんこは消毒やくすりになる！

うんこといえば、きたなくて伝染病のもと。さわるなんてもってのほか！ ……そんな常識を決定的にくつがえすうんこがある。「くすりになるうんこ」だ。

カイコは昔、そのまゆから絹糸をつくるためによく飼われていた。そのうんこには、クロロフィルという殺菌や消臭の効果がある成分がたっぷり含まれている。それが、きずを治すくすりにもなるんだ。

ほかにも、炒って粉にしたものをはちみつにとかしてせきのくすりにしたり、歯ぐきがはれたら歯みがきに使ったり、お茶にしたりと、いろんな使い方をする人がいたみたい。

漢方のくすりになったうんこたち

中国は、うんこがもつフシギな力に早くから気づいて、いろんな動物のうんこを生薬、つまりくすりとして利用してきたよ。

たとえばムササビのうんこはおなかや胃のいたみに、ウサギのうんこはできものや夜泣きなどによいとして、利用されてきたんだ。「良薬口に苦し」とはいうけれど、飲むのにはちょっと勇気が必要だよね。

ぼくのうんこもくすりになるよ！

うんこだって、みんなを美しく、元気にすることができるんだ！

くらしに役立つうんこ①

紙も電気もつくれる!?
ゾウのうんこでリサイクル

ゾウのうんこはコーヒーやお茶になると紹介したけれど、ほかにも使い道がいっぱいあるよ！

たとえばドイツの動物園では、なんとゾウのうんこから電気を起こしているんだ。うんこを大きな容器のなかに入れて、30日間かけてバクテリアで分解。出てきたバイオガスが、発電機を動かす燃料になる。この動物園で使う電力の5％が、ゾウのうんこでまかなわれているよ。

それから、紙にリサイクルすることもできる。ゾウのうんこには、草の繊維がたくさん含まれているから、うんこを集めて水に溶かし、煮つめて、繊維を取り出して、うすく広げて乾かす。すると、ザラッとした手ざわりが特徴の、質のよい紙になるんだ。ゾウが1日100kgのうんこをするとして、新聞紙なら130枚もつくることができる！　ゾウのう

壁になったり「ケーキ」になったり……
ウシのうんこも大活躍！

うんこをたくさんする動物といえば、ウシも忘れちゃいけない！インドでは、ウシが神聖な生き物とされていて、街なかで堂々とくらしている。そしてもちろん、うんこも出しほうだいだ。そしてニンゲンは、これを使いたいほうだいに使っている。

まずは家の壁や床に塗りたくる！ ウシのうんこには虫がきらう成分が含まれているから、虫よけになる。それで、土や粘土を混ぜて水で練ったものを家中に塗るんだ。乾いてしまえば、ニオイも気にならないらしい。

これでよし！

それから、「牛ふんケーキ」というのもある。これはケーキとして食べる、ということではなくて、ワラをまぜてまるくかためたものを、壁や地面にはって乾かす。これが「牛ふんケーキ」とよばれていて、火をつける燃料として使うんだ。インドでは今も多くの家庭で使われているよ。

うんこを燃やしてできた灰は研磨剤としても使える。なべをみがくとピカピカになるんだって。

んこからできた紙だけでつくられた本だってあるんだ。

ちなみに、ウシやウマ、コアラ、パンダなどのうんこでも、紙をつくることができるよ。

野生のゾウがくらしているアジアやアフリカでは、ゾウのうんこが毎日、大量に出ている。せっかくいっぱいあるんだから、地球のためにどんどんリサイクルしてほしいね！

うんこって「便」ともいうけど、これってもしかしたら便利の「便」なのかも!?

くらしに役立つうんこ②
インカ帝国を支えた！ペルーカツオドリのうんこ

うんこ集め、がんばってるな。

13〜16世紀ごろ、南米ではインカ帝国が大きな力をほこっていた。そして、その大きな力を支えていたのが、ある鳥のうんこだったんだ。

インカ帝国の島々には、ニンゲンが登場するよりずっと前、もう何万年も前からペルーカツオドリという鳥が住んでいた。そして大量のうんこを落としていた。うんこはやがて島をおおい、「グアノ」とよばれるうんこの化石になった。

じつはこのグアノ、畑の収穫を何倍にも増やせるスーパー肥料でもある。牛や馬のうんこにくらべると、その効き目は10倍！　このうんこで、インカ帝国では農産物をたっぷりとれるようになった。おかげで、道路を整えたり、金銀を掘り起こしたりするゆとりも生まれ、国はますます豊かになった。

ときがすぎ、ペルーという国になってから

パンダのうんこがゴミ問題を解決する!?

1年間に4000万t以上のゴミを出す"ゴミ大国"ニッポン。そんなごみの量を減らしてくれるありがた〜い救世主が見つかったんだ。それはなんと、ジャイアントパンダのうんこ！

パンダは、繊維のかたいササを食べるために、繊維を分解する力が強い細菌を、おなかのなかにもっている。北里大学の田口文章名誉教授はそこに注目して、つぎのような研究をしたんだ。

まず、パンダのうんこから腸内細菌を取り出す。取り出した細菌を増やして、生ゴミといっしょに、家庭用の生ゴミ処理機に入れる。するとどうなるか……。なんと、生ゴミの90%以上が水と空気になってしまったんだ。

ちなみにこの研究は、世界のおもしろい研究にあたえられる「イグ・ノーベル賞」を受賞したよ。パンダのうんこが日本の未来を救うかもしれないね！

うんこのパワーはう〜んとでっかい！

は、グアノをアメリカやヨーロッパの国々に高額で売りまくった。ところが、グアノは長い年月をかけてできた貴重な資源。19世紀の終わりには、ほとんどなくなってしまったんだ。

今ようやく、ペルーはペルーカツオドリの保護に力を入れはじめた。でも、一生懸命出したうんこがグアノになるのはいったいいつのことだろう。

ニンゲンのうんこを再利用

他人のうんこを移植する医療がある！

このうんこを移植しましょう！

「ドナー」ということばを知っているかな。病気の人に、肝臓などの臓器や血液などを分けてあげる人のこと。最近では「うんこのドナー」というものまであるらしいんだ。

ニンゲンのおなかには1000種以上、100兆こもの細菌がすんでいる。顕微鏡で見ると花畑に似ていることから、その腸内の状態を「腸内フローラ」なんてよんだりもするよ。ふだんはおたがいにバランスをとって、体を健康に保ってくれているんだけど、いい菌と悪い菌のバランスがみだれると、さまざまな病気にかかってしまうんだ。

そこで考えられたのが、うんこの移植。健康な人のうんこを病気の人の腸に入れて、細菌のバランスを整えようというんだ。

じっさい、ある細菌の感染が原因で下痢になった人に健康なうんこを移植した結果、22人中20人、つまり90％以上の人に効果があったという報告もあるんだ。これはびっくりだね。

うんこの移植は、日本ではまだ研究の段階。でもアメリカではもう「ふん便（うんこ）バンク」というのができていて、条件が合えば、うんこを売ることができるんだって。

うんこを宇宙食としてリサイクル!?

今、NASA（アメリカ航空宇宙局）では、重要な8つの技術開発が進んでいる。そのなかの1つが、うんこを食品に変えるというものだ。

宇宙船はせまいため、できるだけものを減らしたい。いらなくなったものは、できるだけリサイクルしたい。たとえそれがうんこだとしても。

うんこには毒が含まれているので、細菌の力で分解、毒をなくし、食材に生まれ変わらせるんだ。

ちなみに、おしっこのリサイクルは国際宇宙ステーションですでに行われている。蒸留して、飲み水にするんだ。この調子なら、近い将来、みんなもうんこ宇宙食を体験できるかもしれないよ。

自分のを食べたりのんだりできちゃうんだね！

ニンゲンのうんこもくすりになっていた！

虫や動物のうんこがくすりになるのは紹介したよね。じつは、ニンゲンのうんこもくすりとして飲まれていたんだ。

たとえば中国に伝わる「人中黄」という漢方薬。ニンゲンのうんこに甘草という薬草をまぜ、乾燥させてつくったくすりなんだ。熱のあるときや、伝染病にかかったときなどに飲んだらしい。日本でも、江戸時代には、ふぐの毒にあたったときなどに飲まれていた。ただ、なぜ効くのか理由はまだわかっていないみたい。

では、わしのうんこを煎じてさしあげよう！

うんこ対決！ラウンド 3

あかコーナー
Red Corner

うんこをまとって身を守る！ムシクソハムシとその仲間

ムシクソハムシは、毛虫のうんこにそっくりな虫。「うんこを食べたい」と思う敵はあまりいないから、こうやって身を守っているんだ。でも幼虫は、まだうんこの姿をしていない。だから、おどろきの技で身を守るんだ。

まず、卵として生まれた瞬間に、お母さんにうんこまみれにされる。その後、卵からかえった幼虫は、うんこをするたびに、お母さんのうんこに自分のを継ぎ足していく。やがて、大きな寝ぶくろのようになったら、そのなかに入って「虫のうんこです」とうんこになりきるというわけ。

同じハムシの仲間で、カメノコハムシも、幼虫時代はうんこで身を守る。カメノコハムシは、うんこをしたら自分の背中に盛っていくんだ。乾かしては盛り、乾かしては盛り、ついに自分の体をおおってしまうよ。

身を包むうんこ

Blue Corner
他人のうんこが自分の家!?
フンコロガシのこどもたち

幼いころをすごしたふるさとが他人のうんこ、という虫がいる。しかも、おとなになるまでは、食べるものもうんこだけ。ちょっと思い出したくないふるさとだよね。

たとえばフンコロガシは、いつも後ろ足でシカやゾウなどのうんこをまるめてころがしているけれど、あれが食べ物にも、こどもたちの家にもなるんだ。

フンコロガシは、うんこ玉に卵を産みつける。卵からかえった幼虫は、うんこ玉を食べながらすごす。成虫になってやっとうんこから出たと思ったら、こんどは親がしていたように、他人のうんこをまるめて転がす人生が始まる。

一生をかけて、人のうんこにこれだけお世話になっているなんて、まさにうんこ人生だね。

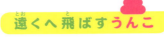

ヒゲペンギンはブシューッとうんこを吹き飛ばす！

遠くへ飛ばすうんこ

　海のなかでも陸の上でも、したくなったらどこでもブシューッと吹き飛ばす。そんな豪快なうんこスタイルをつらぬくのが、ヒゲペンギンだ。

　体長60cmのヒゲペンギンが陸上でうんこを飛ばす距離は、だいたい40cmくらい。これは、ニンゲンに置きかえると、1m以上も飛ばすほどの勢い！

　なぜこんなことをするのかというと、ヒゲペンギンたちは、南極の冷たい地面の上で、卵を抱いて温める。トイレのたびに巣をはなれていては卵が冷えてしまうから、その場から巣の外側にむかって、ブシューッとうんこを飛ばすというわけ。

　もちろん、まわりにいる仲間にもうんこがかかってしまう。ヒゲペンギンはけんかっ早い性格だから、うんこをかけられたら猛烈に怒りそう。ところが実際には、そうはならない。そこはおたがいさま……というか、卵を温めることがなによりも大切だから、うんこをかけられたってへっちゃらなんだ。

コアジサシは うんこで敵を攻撃！

うんこでやっつけろ！

うんこで敵を攻撃して、こどもを守る鳥もいる。それはコアジサシという渡り鳥。

コアジサシは、群れでくらしていて、カラスなどの敵が卵やこどもをねらってやってくると、親鳥たちはいっせいに大きな鳴き声で敵をおどす。それでも敵が逃げ出さない場合だってある。こうなったら、もううんこしかない！　力を合わせて、上空から大量のうんこを浴びせかけるんだ。

うんことはいえ威力は絶大！鳥は羽が汚れると飛べなくなるから、命の危険にさらされる。うんこがりっぱな「武器」になるんだ。

カバは しっぽのスクリューで うんこを まき散らす！

うんこは、武器にも道しるべにもなるってわけだね！

うんこを飛ばす動物は、動物園にもいるよ。短いしっぽをブルンブルンふりまわしながら、やわらかいうんこを猛烈な勢いで飛ばしまくる！　そう、カバの「まきフン」という行動だ。しっぽはまるでスクリューみたいに猛スピードで動く。じつはこれ、オスがなわばりを主張しているんだ。

野生のカバの場合は、遠くへ出かけるとき、帰り道の目印に、道すがらうんこをまき散らしていくこともある。自分のうんこを道しるべにすれば、ヘンゼルとグレーテルが道しるべにまいたパンくずみたいにほかの動物に食べられてしまうこともない。カバって案外、旅の上級者なのかもしれないね。

ヘンなうんこポーズ

コウモリのうんこポーズは逆立ちのさかさま

クルリンパ！

みんなきれい好きみたいだね。

　コウモリといえば、頭を下にした逆立ちのかっこうで、木の枝や洞窟の天井からぶら下がっているのがお決まりのポーズ。でも、このポーズってよく考えると、おしりが頭の上にくるわけで、これではうんこを出すたびに、体も顔もうんこまみれになってしまうんじゃ……というのはよけいな心配！

　コウモリはうんこのとき、翼についたかぎ爪（親指の爪）を木の枝や天井に引っかけて、頭が上、おしりが下のポーズになるんだ。つまり、ふつうの大の字ポーズ。体がうんこまみれになるのは、やっぱりいやなんだね。

　ちなみに、コウモリがいつも逆立ちポーズなのにはワケがある。コウモリは空を飛べるけれど、鳥ではなくてホ乳類だ。空を飛ぶには体を軽くしなければならず、足の筋肉を減らしてしまった。地上に立つだけの力がなくなってしまったから、さかさになってぶら下がっているんだって。

おしりを水に浸けて……マレーバクは水洗トイレが大好き！

ニオイ対策バッチリ！

白と黒、2色の体がトレードマークのマレーバクは、水辺が大好き。見かけによらず泳ぎも大得意！ ただ、1つ欠点がある。草食動物のくせに、うんこがかなりクサいんだ。

そのせいかどうかはわからないけれど、うんこはわざわざ水に入ってする。川のなかにうんこをすれば、水がうんこを運んでいってくれる。川はバクにとっての、水洗トイレなんだ。

自分のうんこのニオイで、トラなどの敵に見つかるのを避けるため、ともいわれているよ。

ヘビだって、しっぽを持ち上げて「う〜ん」

ウマやイヌがしっぽを持ち上げてうんこをする姿を、見たことがあるかな？ それは、うんこがつくのがいやだからだ。ところが、全身がしっぽみたいなシマヘビまで、しっぽを上げてうんこをするというから、おどろきだよね！

シマヘビのおなかには、うろこがある。おなかのうろこは1列に並んでいるけれど、途中で2列になる。このさかい目に肛門があって、その先がしっぽだ。うんこをするときには肛門としっぽを少し持ち上げて、うんこがつかないようにする。

全身で地面をはいずっているわりには、きれい好きなんだね。

うんこまみれはいやだもんね。

69

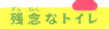

残念なトイレ

うんこを全身に塗りたくる!?
クロキツネザル

今日もたっぷり塗れたぞ！

　自分のうんこを頭になすりつけるわ、そのうんこをあちこちにこすりつけるわ、あげくの果てには頭の毛がハゲてしまった！　……という、笑うに笑えない残念な動物がいる。マダガスカル島だけにすんでいる、クロキツネザルというサルだ。

　いったい、どうしてこんなことになってしまったのか。動物たちにとって、うんこは「ここが自分のなわばりだ」と伝える役割をすることがある。クロキツネザルもまた、自分のうんこで「ここが自分のなわばりだ」と主張したかった。でも、彼らがくらすのは木の上。いったいどうしたら、効率よくうんこをまき散らせるだろう。

　そこでクロキツネザルは、うんこを体中に塗りたくり、うんこまみれの頭や手を、木の枝にこすりつけながら歩くことにしたんだ。あんまりこすりつけていたものだから、頭の毛がハゲてきてしまったクロキツネザルもいるらしい。なにごとも、やりすぎは禁物だね。

エゾナキウサギの
積み上がらないうんこピラミッド

ウサギのうんこはまるくて小さい。このことが、ちょっと残念な結果をまねいている。

北海道の岩場にすむエゾナキウサギは、いつも同じ場所でうんこをする。そしてそのうんこをピラミッドのように、遠くからも見えるように積み上げようとする。これが、エゾナキウサギのなわばりの示し方。

ただ、ピラミッドの石が四角いのに対して、エゾナキウサギのうんこはまるい。そう、積み上げたそばからコロコロとくずれてしまうんだ。しかもうんこは直径3〜5mmと超小粒！ エゾナキウサギは、それでもあきらめずにうんこを積み上げようとする。

うんこピラミッドはがんばりの結晶！ もし見かけたら、やさしい気もちで見守ってあげてほしい。

人にはわからない
うんこの苦労が
あるんだね。

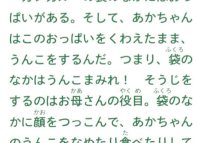

いっぱい
出したわねえ。

カンガルーの袋には
うんこがいっぱい！

あかちゃんがおなかの袋から顔をのぞかせる、カンガルーの愛らしい姿。でも、その袋のなかがどうなっているか、知っているかな？

カンガルーの袋のなかにはおっぱいがある。そして、あかちゃんはこのおっぱいをくわえたまま、うんこをするんだ。つまり、袋のなかはうんこまみれ！ そうじをするのはお母さんの役目。袋のなかに顔をつっこんで、あかちゃんのうんこをなめたり食べたりして、そうじしているんだって。

みんなで使うトイレ
ハイラックスはがけっぷちでも平気でうんこ！

ぜんぜん怖くないもんね。

うんこをするなら、ホッと安心できる場所でしたいもの。ところが、出るものも出なくなってしまいそうながけっぷちをトイレにしている、恐れ知らずの生き物がいる。ケープハイラックスだ。

ケープハイラックスは、岩山をなわばりとして、4〜15頭の群れでくらしている。おとなのオスは1頭だけで、これが群れのボスだ。まるっこい体に似あわず、がけをさっそうとかけ上がり、岩山を跳び移る。

ボスにだって怖いものはある。空からおそってくるイヌワシ、岩山の下のライオンやヒョウ……。でも1番怖いのは、メスを横取りしようと岩山のまわりをうろつく、はぐれもののオスだ。ボスは、共同トイレでみんなのうんこやおしっこのニオイをチェックして、メスの交尾の時期をチェックする。そうして、ほかのオスに横取りされないように交尾をして、こどもを増やし、群れを大きくしなくてはいけない。

がけっぷちなんてお手のもの。怖がっているヒマはないんだね。

オオカワウソはうんこで家族のきずなを深める

南アメリカの川にくらすオオカワウソは、祖父母やいそうろうも含め、だいたい20頭の大家族でくらしている。そして、この大家族のきずなを深めているのが、うんこなんだ。

どういうことかというと、一家はまず巣の入り口あたりに共同トイレをつくる。うんこがたまるとみんなでそれを思いっきりこねくりまわす！ とうぜん体はうんこまみれになり、みんな同じうんこのニオイに。そんな体で動きまわるから、巣全体も同じニオイ。ここまでやれば、もうきずなが深まらないわけがない。

さらに、ほかの家族に対してなわばりを主張することだってできる。たしかに、人のうんこのニオイがする家になんか、入りたくないもんね。

ことばがなくてもうんこがあれば問題なし！

タヌキのうんこは伝言掲示板!?

女の子が引っ越してきたぞ。

共同トイレにもいろいろなタイプがある。タヌキの場合は、群れで1つのトイレを共有するのではなく、ご近所にすむタヌキとトイレを共有する。そういう共同トイレを1頭につき10か所くらいもっていて、うんこを通じて情報交換しているんだ。

タヌキは、うんこのニオイをかげば、だれがいつここに来たか、なにを食べたかがわかる。つまり、「新しく引っ越してきたタヌキです。よろしく」「こっちには木の実がたくさんなっているよ」などのメッセージを、うんこが伝えてくれるんだ。まるで伝言掲示板みたいな役割を果たしているんだね。

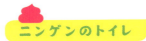
ニンゲンのトイレ

地域によってこんなにちがう！
ニンゲンのトイレ

さて、ニンゲンのトイレに目を向けてみよう。日本では、座ってうんこする洋式トイレがほとんどだけれど、世界には、使い方もわからないようなトイレがある。

たとえば、タイにある水上トイレ。川の上に建てられたトイレは、床に穴があいていて、そこにうんこを落とすと、川の魚が食べてくれるんだ。

中国の、「ニーハオ・トイレ」とよばれるトイレは、紙もドアも、場合によってはとなりの便器との仕切りさえもない。うんこをしている最中にとなりの人と目が合ってしまったら、「ニーハオ」ってあいさつするしかないよね。ちなみに、紙は自分で持ち歩き、使い終わったらゴミ箱に捨てなくてはいけない。

ヨーロッパや東南アジアでは、洋式トイレっぽいのに便座がないトイレによく出くわす。スキーで滑走するときのような中腰になって

今日も世界では、いろんなトイレでいろんなうんこが生まれているよ！

ふんばるのが正解だ。
　いろんなトイレを紹介したけれど、そもそもトイレを使ってうんこをしているのは、3人に2人。それ以外は、ビニール袋やバケツ、あるいはなにもない屋外でうんこをしている。そういう地域では感染症にかかる人も多い。日本のように、どこに行ってもトイレがあって清潔さが保たれているのは、とても幸せなことなんだね。

うんこをうんこでふく人がいる!?

　うんこをしたあとは紙でふくのがあたりまえ……と思っているのは、じつは少数派。世界の3人に2人は、紙以外のものでふく。
　ではなにでふくのかというと、モンゴルなどの砂漠地帯では、小石や砂、さらにはウマのうんこを乾燥させたものでふく。「うんこをうんこでふくって！」とツッコミたくなるけれど、空気が乾燥していて、ウマのうんこもしっかり

乾かすから問題ないんだって。
　インドやアラブ諸国では、水を手ですくいながら指でふく地域がある。ほかにも、草やワラ、縄、木でできたへらなど、うんこをふく道具は、国や地域によってさまざま。気候や習慣にあったものをうまく使っているんだね。

ふろく
正しいうんこのつくり方

最後に、正しいうんこのつくり方を紹介するよ。自分のうんこと見くらべて、正しいうんこをつくっていこう！

毎日自分のうんこをチェック！いつもとちがったところがないか、気づけるようになろう。

うんこチェックのポイント

- **色** 黄色っぽい・ふつう・黒っぽい
- **出やすさ** 固くて出にくい・スルッと出る・ビシャっと出る
- **カタチ** コロコロ・バナナ型・びしゃびしゃ
- **ニオイ** いつもよりクサい・ふつうのクサさ

バナうんは、理想のうんこ！

【特徴】
- 色………ふつう
- 出やすさ……バナナくらいのかたさで、スルッと出る。
- カタチ………バナナ型
- ニオイ………クサいけどキツくはない。

バナナのような大きさ、かたさのバナうんは、パーフェクトな理想のうんこ！

正しいうんこをつくろう

☑ バナうんが出たということは、食事、運動、睡眠のバランスがバッチリで、元気な証拠。おなかのなかのよい細菌もしっかり働いて、消化や吸収がしっかり行われているよ。この調子で生活しよう！

【特徴】
色……………茶色や黒ずんだ色。
出やすさ……かたくて出にくい。
カタチ………小さい。コロコロしている。
ニオイ………いつもよりクサい。

黒くてかたいカチうんは、便秘のサイン。おしりの奥で大きなかたまりになってしまって、出るとき痛いこともあるよ。

【原因】
うんこをがまんしすぎて長い時間おなかのなかにためておくと、水分が体に吸収されすぎて、かたくなってしまう。野菜不足や運動不足も、胃腸の働きが悪くなって便秘になることにつながるよ。

カチうんの場合

うんこがしたくなったら、がまんしないですぐトイレに行こう！

正しいうんこをつくろう

☐ 水やお茶をよく飲んで、うんこをやわらかくしよう！

☐ 食物繊維がたくさん入った野菜や海藻、きのこなどをたっぷり食べると、胃腸が働きやすくなるよ。

☐ 体を動かしてあそぼう。動くとおなかが刺激されて、活発に働くようになるよ。

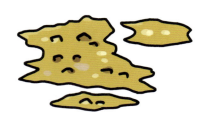

【原因】
冷たいものの食べすぎや風邪が原因で、腸が水分をうまく吸収できなくなって、うんこが水っぽいまま出てくるよ。風邪の場合は、体のなかの悪い菌を外に出そうとして、ビチャうんを出すんだ。

【特徴】
色…………黄色っぽい茶色。
出やすさ……がまんできず、何度もトイレに行きたくなることもある。
カタチ………まるで水のようで、ビチャビチャ。
ニオイ………いつもよりクサい。

「下痢」とはまさに、このビチャうんが出ることをいうよ。

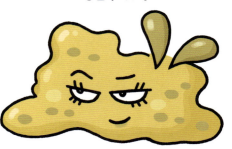

ビチャうんの場合

正しいうんこをつくろう
☐ おなかを温めて、ゆっくり休もう。
☐ 辛いものや脂っこいものはさけて、消化しやすいおかゆやうどんを食べよう。やわらかく煮た緑黄色野菜（ほうれん草やにんじんなど）もおすすめ。
☐ はげしい下痢や、長引く下痢の場合は、感染症かもしれないので、病院で診察を受けよう。

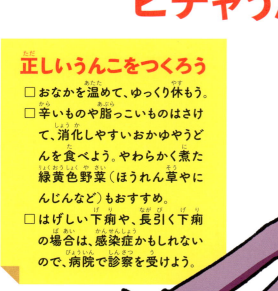

湯ざましなどを飲んで水分を補おう！

【特徴】

色……………いつもより明るい茶色。
出やすさ……かたくて出にくい。
カタチ………細長くてヒョロヒョロ。
ニオイ………いつもよりちょっとクサい。

やわらかいので、切れ切れに出る。
見るからに弱々しいうんこだよ。

【原因】

ビチャうんになる前のうんこ。よくかまずに食べたとき、食べる量が少ないとき、緊張やストレスで腸が縮んでいるときなどにも、ヒョロうんが出るよ。

ヒョロうんの場合

正しいうんこをつくろう

☐ よくかんでたっぷり食べよう！
わかめなどの海藻や、ごぼうなどの根菜は、うんこをボリュームアップさせてくれるよ。
☐ 緊張感をほぐすには、温かいお風呂に入ってよく眠ること。がんばっているときほど、体をこわさないように注意してね。

風邪っぽいかな？
緊張しているのかな？
自分の体に聞いてみよう。

[監修者]

荒俣 宏（あらまた・ひろし）

1947年、東京都生まれ。作家、翻訳家、博物学者、幻想文学研究家として、多彩な執筆活動を行う。シリーズで350万部を超える代表作『帝都物語』（角川書店）で日本SF大賞受賞。『世界大博物図鑑』全7巻（平凡社）ではサントリー学芸賞を受賞。おもな監修・著書に『モノのはじまりえほん』（日本図書センター）、『日本まんが』全3巻（東海大学出版部）、『すごい人のすごい話』（イースト・プレス）、『サイエンス異人伝』（講談社）、『江戸の幽明』（朝日新聞出版）など多数。

[イラストレーター]

本文イラスト **内山大助**

キャラクターデザイン **いとうみつる**

本文テキスト　　　こざきゆう
ブックデザイン　　トサカデザイン（戸倉 巌、小酒保子）
企画・編集　　　　日本図書センター（小菅由美子）

■おもな参考文献
『う・ん・ち』（福音館書店）
『うんこがへんないきもの』（KADOKAWA）
『ウンココロ』（実業之日本社）
『ウンチのうんちく』（PHP研究所）
『うんぴ・うんにょ・うんち・うんご』（ほるぷ出版）
『雑食動物はどんなウンコ?』（ミネルヴァ書房）
『ざんねんないきもの事典』（高橋書店）
『ずら〜りウンチ』（アリス館）
『草食動物はどんなウンコ?』（ミネルヴァ書房）
『トイレの大常識』（ポプラ社）
『動物おもしろカミカミうんち学』（少年写真新聞社）
『動物たちのウンコロジー』（明治書院）
『動物の大常識』（ポプラ社）
『肉食動物はどんなウンコ?』（ミネルヴァ書房）
『むしのうんこ』（柏書房）
『やばいウンチのせいぶつ図鑑』（世界文化社）
ほか、各種文献や各専門機関のホームページ等を参考にさせていただきました。

うんこの大きさや状態には個体差があります。この本では、その一例を採用し、お子さまに学ぶことのおもしろさを感じながらお読みいただけるよう工夫しました。

しらべる・くらべる・おぼえるチカラが身につく！
うんこ図鑑

2018年5月1日　　初版第1刷発行

監修者	荒俣 宏
イラスト	内山大助　いとうみつる
発行者	高野総太
発行所	株式会社 日本図書センター
	〒112-0012 東京都文京区大塚3-8-2
	電話　営業部 03-3947-9387
	出版部 03-3945-6448
	http://www.nihontosho.co.jp
印刷・製本	図書印刷 株式会社

© 2018 Nihontosho Center Co.Ltd.　Printed in Japan
ISBN978-4-284-20426-2 C8040